Dimi Skodras

Large Hadron Collider

Aufbau des Beschleunigersystems

GRIN Verlag

Bibliografische Information der Deutschen Nationalbibliothek:

Die Deutsche Bibliothek verzeichnet diese Publikation in der Deutschen National-
bibliografie; detaillierte bibliografische Daten sind im Internet über http://dnb.d-
nb.de/ abrufbar.

Impressum:

Copyright © 2010 GRIN Verlag GmbH
Druck und Bindung: Books on Demand GmbH, Norderstedt Germany
ISBN: 978-3-640-82264-5

Dieses Buch bei GRIN:

http://www.grin.com/de/e-book/165884/large-hadron-collider

GRIN - Your knowledge has value

Der GRIN Verlag publiziert seit 1998 wissenschaftliche Arbeiten von Studenten, Hochschullehrern und anderen Akademikern als eBook und gedrucktes Buch. Die Verlagswebsite www.grin.com ist die ideale Plattform zur Veröffentlichung von Hausarbeiten, Abschlussarbeiten, wissenschaftlichen Aufsätzen, Dissertationen und Fachbüchern.

Besuchen Sie uns im Internet:

http://www.grin.com/

http://www.facebook.com/grincom

http://www.twitter.com/grin_com

Inhaltsverzeichnis:

1 Pioniere der Elementarteilchenphysik

Nach nun mehr als 2500 Jahren haben viele Denker und Forscher die Grundsteine der modernen Teilchenphysik gelegt und es damit den heutigen Physikern ermöglicht, den Antworten der fundamentalen Fragen des Universums experimentell näher zu kommen. Welche sind die Elementarteilchen? Was war am Anfang? Woher bekommt Materie Masse? Im 5. Jahrhundert vor Christus lehrte Anaxagoras, dass Materie aus unteilbaren Teilchen besteht[1]. Im 17. Jahrhundert nach Christus entdeckte Isaac Newton die Gravitation als ihre grundlegende Eigenschaft[2].1900 begründete Max Planck die Quantentheorie mit der Einführung der Quantisierung elektromagnetischer Strahlung. Mit der speziellen Relativitätstheorie (SRT) stellte Albert Einstein 1905 die Äquivalenz zwischen Masse und Energie dar. Der Nachweis der Existenz des Protons geht 1919 auf Ernest Rutherford zurück. 1931 überlegte sich Paul Dirac ein positiv geladenes Elektron und begab sich damit als Erster in die Welt der Antimaterie[3]. Steven Weinberg erstellte die Theorie der elektroschwachen Wechselwirkung, die den ersten Schritt zur Erstellung der sogenannten Weltformel (GUT) darstellt.

Die Liste jener Pioniere der Teilchenphysik ist lang. Doch wie das Synonym Hochenergiephysik schließen lässt, ist zu ihrer Ergründung viel Energie von Nöten. Diese Energie wird Leptonen, Hadronen und anderen Teilchen zugeführt. Sie werden in Beschleunigungsanlagen auf hohe Energieniveaus gebracht und zur Kollision mit einem Target (engl.: Ziel) gebracht. Nennenswerte Beschleuniger sind DESY in Hamburg, welches den experimentellen Beweis für Gluonen gab, sowie SLAC in Menlo Park Kalifornien, welches das J/ψ-Meson entdeckte und damit auf die Existenz des Charm-Quarks hinwies, Fermilab bei Chicago Illinois, der mit der Entdeckung des Bottom-Quarks und des Top-Quarks die 3. Generation der Quarks abschloss und der Large Hadron Collider bei Genf in der Schweiz, der die Austauschbosonen der elektroschwachen Wechselwirkung ($W^{\pm}$, Z^0) erzeugte[4]. Weltmaschine wird der LHC genannt. Mit seinen futuristisch wirkenden

1 Hacker G.: Grundlagen der Teilchenphysik – Frühzeit bis 1550,vom 28.03.08,
http://www.solstice.de/grundl_d_tph/sm_gesch/sm_gesch_hist1.html, aufgerufen am 13.09.10
2 Hacker G.: Grundlagen der Teilchenphysik – Von 1550 bis 1900, vom 28.03.08,
http://www.solstice.de/grundl_d_tph/sm_gesch/sm_gesch_hist2.html, aufgerufen am 13.09.10
3 Hacker G.: Grundlagen der Teilchenphysik – Von 1900 bis 1964, vom 28.03.08,
http://www.solstice.de/grundl_d_tph/sm_gesch/sm_gesch_hist3.html, aufgerufen am 13.09.10
4 Hacker G.: Grundlagen der Teilchenphysik – Von 1964 bis heute, vom 28.03.08
http://www.solstice.de/grundl_d_tph/sm_gesch/sm_gesch_hist4.html, aufgerufen am 13.09.10

technischen Bestandteilen und seinen immensen Ausmaßen ist er das größte wissenschaftliche Projekt in der Weltgeschichte. Die Experimente, die an ihm durchgeführt werden, sollen jene Grundfragen der Physik lösen und damit mehr Aufschluss über die Zusammensetzung des Weltalls geben. Aufgrund seiner geographischen, wirtschaftlichen, sowie physikalischen und technischen Dimensionen und des globalen Interesses an seinen Ergebnissen ist der Aufbau des Large Hadron Collider und die Experimente, die an ihm durchgeführt werden, Zentrum dieser Facharbeit.

2 Basis- und Hintergrundwissen

Bevor wir den Kern ansprechen, ist es wichtig, einige grundlegende Informationen über CERN und die Physik am Large Hadron Collider zu haben.

2.1 Allgemeines

2.1.1 Die Geschichte des CERN von 1952 bis 2010

Im Frühling 1952 fanden zwei Konferenzen der Organisation der Vereinten Nationen für Erziehung, Wissenschaft und Kultur (UNESCO) in Florenz und Paris statt, woraufhin elf europäische Regierungen die Vereinbarung eines provisorischen CERN (Conseil Européen pour la Recherche

CERN-Logo

Nucléaire) unterzeichneten. Auf ihrer sechsten Konferenz wird die Gründungsurkunde von Vertretern der zwölf europäischen Gründernationen (Schweiz, Frankreich, Belgien, Dänemark, (West-)Deutschland, Griechenland, Vereinigtes Königreich, Italien, Jugoslawien, Niederlande, Norwegen und Schweden) unterzeichnet. 1953 wird Genf auf einer Konferenz in Amsterdam als Standort des CERN und dessen Laboratorien entschieden. Das SC, als erstes Synchro-Zyklotron, kann Protonen auf 600 MeV (0,79c) beschleunigen. 1968 erfindet George Charpak am CERN die Vieldraht-Proportionalkammer (Nobelpreis für Physik 1992) zur Verbesserung von Teilchennachweise (1 Mio. Teilchenspuren/sek.). 1989 geht der LHC-Vorgänger LEP in Betrieb. Das LHC-Projekt wird nur 5 Jahre später 1994 genehmigt. Das erste Anti-Wasserstoffatom wird 1996 am LEAR-Speicherring erzeugt und bringt erste Hinweise auf die CP-Verletzung. Das LHCb-Experiment als viertes großes LHC-Experiment wird 1998 genehmigt. Aus den USA kommen zum neuen Jahrtausend die ersten

Beschleunigerelemente für den LHC an. Im April 2003 startet das EGEE (Enabling Grids für E-Sience), das, ähnlich dem Internet, ein weltweites Computernetzwerk einrichtet. Ende 2005 erfasst das CMS-Experiment kosmische Hintergrundstrahlung. Die ersten Protonen schaffen am 10. September 2008 eine volle Umrundung des LHC-Rings[5]. Seit dem 30. März 2010 kollidieren am LHC Protonen und Schwerionen[6], was den ersten großen Schritt auf der Suche nach den elementaren Antworten darstellt.

2.1.2 CERN-Unternehmensinformationen

Das CERN besteht nicht nur alleine aus den Teilchenbeschleunigern. Als internationales Unternehmen hat es ein Direktorat mit Rolf-Dieter Heuer als Vorsitzenden[7] und einen Rat, der aus einem Vertreter der Politik und einem Vertreter der Wissenschaft aller 20 Mitgliedstaaten besteht. Jede Nation hat hierbei unabhängig seines finanziellen Beitrags (Dtl: 19,9%[8]) eine Stimme und die meisten Entscheidungen bedürfen nur einer einfachen Mehrheit. Die nächste Ebene ist durch drei Sektoren dargestellt. Die Gruppen Resource Planning and Control unter Sigurd Lettow, Review of Research Collaboration unter Sergio Bertolucci und Projects Office mit Steve Meyers als Leiter. Unterteilt werden diese Gruppen in die Departements. Finance and Procurement (FC), Information Technology (IT) Engineering (EN) und 5 andere beschäftigen sich mit individuellen Aufträgen des CERN[9].

Die Kosten des gesamten Projekts belaufen sich auf etwa 6,03 Mrd. CHF (= 4,59 Mrd. € am 03.12.10), wovon 76 % für die Konstruktion des LHC verwendet werden. CERNs Investitionen betragen zwischen 14 und 30 % der Kosten der 5 größten Experimente CMS, ATLAS, ALICE, LHCb und TOTEM. In der Summe entspricht das einem Kostenaufwand von rund 1,09 CHF (= 0,83 Mrd. € am 03.12.10)[10]. Die Finanzierung des CERN geschieht durch seine 20

5 LHC, http://www.lhc-facts.ch/index.php?page=geschichtecernaufgerufen am 03.11.10
6 Alte Elementarteilchen neu entdeckt: http://www.zeit.de/wissen/2010-07/lhc-cern-ergebnisse vom 27.07.10, aufgerufen am 03.11.10

7 Der Herr der Teilchen: http://www.3sat.de/page/?source=/nano/natwiss/149233/index.html, aufgerufen am 08.11.10

8 CERN – Resources Planning and Control: http://dg-rpc.web.cern.ch/dg-rpc/Scale/Scale.html, aufgerufen am 08.11.10
9 CERN's structure: http://public.web.cern.ch/public/en/About/Structure-en.html, aufgerufen am 08.11.10

10 Communication Group, CERN faq - LHC the guide, 03.2007, S. 8

Mitgliedstaaten. Deutschland, Großbritannien, und Frankreich sind mit zusammen 50 % die drei größten Mitwirkenden[11].

2.2 Physikalische Grundlagen

2.2.1 Elektromagnetismus

Die Coulomb- und die Lorentzkraft als Kräfte elektromagnetischer Felder sind jedem mindestens unbewusst bekannt. Beide werden für die Beschleunigung und die Fixierung geladener Teilchen auf einer Kreisbahn beim LHC gebraucht. Die Coulombkraft ist die Ursache für die Anziehung zweier ungleichnamiger Ladungen und damit für die Stabilität der Atome verantwortlich. Entdeckt wurde sie von Charles Augustin de Coulomb, der in seinem Werk „Sur l'électricité et le magnetisme" sein Coulombsches Gesetz entwickelte[12]:

$$F_C = \frac{1}{(4\pi\epsilon_0)} \frac{Q_1 * Q_2}{r^2}$$

F_C = Kraft; ϵ_0 = Elektrische Feldkonstante (8,86*10^{-12} C/Vm); Q_{12} = Ladungen; r = Abstand der Ladungen

1895 wird die von Hendrik Antoon Lorentz beschriebene und nach ihm benannte Lorentzkraft eingeführt. Allgemein wirkt diese Kraft auf bewegte, geladene Teilchen in einem Magnetfeld[13]. Ihre Formelherleitung:

Es gilt: $\vec{F} = I * \vec{B} \times \vec{l}$ und $I = \frac{Q}{t}$ führen zu $\vec{F} = \vec{B} \times Q \frac{\vec{l}}{t} = \vec{B} \times Q\vec{v}$

aus dem Vektorcharakter von B folgt[14]:

$$\vec{F}_L = Q * \vec{v} * \vec{B} \sin\varphi = Q * \vec{v} \times \vec{B}$$

B = Magnetische Flussdichte; I = Stromstärke; l = Leiterlänge; t = Zeit, v = Geschwindigkeit; Q = Ladung
φ = Zwischenwinkel

Bei φ = 90° beschreibt das Ion eine Kreisbahn.

---

11 Landua R., CERN und LHC Daten und Fakten, S. 14
12 Geschichte – Coulomb:
   http://www.leifiphysik.de/web_ph12/geschichte/01coulomb/coulomb.htm, aufgerufen am
   02.12.10
13 Lorentz: http://www.leifiphysik.de/web_ph10/geschichte/10lorentz/lorentz.htm, aufgerufen am
   03.12.10
14 Müller, Leitner, Mráz, Physik Leistungskurs 1. Semester, 2002, S.112

2.2.2 Thermodynamik

Die Thermodynamik ist ein Teilgebiet der klassischen Physik. Ihren Entwicklungsschub erfuhr sie durch Physiker, wie James Clerk Maxwell oder Ludwig Boltzmann. Speziell für die Arbeiten am Large Hadron Collider sind die Hauptsätze der Thermodynamik von großer Bedeutung, insbesondere der 2. und 3., da sie sich mit der Energieumwandlung und dem absoluten Nullpunkt beschäftigen.

• 2. Hauptsatz der Thermodynamik:

Es kommt nicht vor, dass durch Abkühlung eines Wärmereservoirs eine äquivalente mechanische Arbeit verrichtet wird, ohne dass eine Veränderung in der Natur zurückbleibt – Rudolf Clausius (1822-1888)[15]

Dieser Hauptsatz besagt, dass es nicht möglich ist, Wärmeenergie vollständig in mechanische Energie umzuwandeln (Perpetuum mobile 2. Art). Eine weitere Aussage ist, dass Wärme grundsätzlich selbstständig vom wärmeren zum kälteren Körper fließt[16].

• 3. Hauptsatz der Thermodynamik:

Am absoluten Nullpunkt der Temperatur ist die Entropie völlig geordneter Kristalle gleich null [...] - Max Planck (1858-1947)

Nernstsches Theorem: $\lim_{T \to 0} S(T) = 0$ T = Temperatur; S = Entropie

Die Aussage des 3. Hauptsatzes ist die prinzipielle Unmöglichkeit, eine Temperatur von 0 K (Kelvin) zu erreichen[17], da jedes System immer einen Zustand maximaler Entropie anstrebt[18].

2.2.3 Relativistische Kinematik

Albert Einstein entwarf im Zuge seiner Arbeit „ist die Trägheit eines Körpers von seinem Energiegehalt abhängig?"[19] die bekannte Formel $E = mc^2$, die im

15 Müller, Leitner, Mráz, Physik Leistungskurs 3. Semester, 2002, S.73
16 3.3 Zweiter Hauptsatz der Thermodynamik, http://www.physik.uni-wuerzburg.de/video/thermodynamik/thermodynamik.html, aufgerufen am 04.12.10
17 3.4 Dritter Hauptsatz der Thermodynamik, http://www.physik.uni-wuerzburg.de/video/thermodynamik/thermodynamik.html, aufgerufen am 04.12.10
18 Löwe, Riedl, Schallies, Grundlagen der Organischen Chemie, Bamberg, 1988, S.6
19 E=mc² http://www.drillingsraum.de/room-emc2/emc2.html, aufgerufen am 07.12.10

Wesentlichen die Äquivalenz von Energie E und Masse m über die Konstante der Lichtgeschwindigkeit zum Quadrat c² beschreibt. In umgewandelter Form beschreibt sie auch die geschwindigkeitsabhängige Massenzunahme.

$$m(v) = \gamma \, m_0 = \frac{1}{\sqrt{\left(1 - \dfrac{v^2}{c^2}\right)}} * m_0 \qquad _{20}$$

m = Masse; m_0 = Ruhemasse; γ = relativistischer Faktor; c = Lichtgeschwindigkeit (2,998*10⁸ m/s)

Für die Arbeiten am Large Hadron Collider haben beide Aussagen eine immense Bedeutung. Die Energie-Masse-Beziehung lässt den Schluss zu, dass in kleinem Raum konzentrierte Energie, das bei der Kollision schneller Teilchen der Fall ist, in Masse umgewandelt wird und dadurch neue Elementarteilchen erzeugt werden[21]. Die relativistische Massenzunahme ist für die Einstellung des Beschleunigersystems wichtig. Bei zunehmender Masse muss auch das Magnetfeld verstärkt werden.

$$F_Z = F_L \quad ^{22} \rightarrow \quad \gamma \, m_0 \frac{v^2}{r} = q * v * B \quad \rightarrow \quad \gamma \, m_0 * v = q * r * B$$

F_Z = Zentripetalkraft

Hieran erkennt man, dass die magnetische Flussdichte B nicht nur direkt von der Geschwindigkeit v (bei klassischer Physik), sondern auch indirekt über die Masse m abhängt.

2.2.4 Das Standardmodell der Teilchenphysik

Das Standardmodell der Teilchenphysik ist eine Auflistung und Eingliederung von Teilchen, Kräften und Massen. Es werden 3 Generationen von Teilchen mit jeweils 4 Mitgliedern angenommen. Die Generationen werden in die I., II. und III. unterteilt. Die 4 Mitglieder sind jeweils zwei Quarks und zwei Leptonen[23]. Weiterhin sind 4 Grundkräfte mit ihren Austauschbosonen bekannt. Massen letztlich werden derzeit allein durch Wechselwirkung mit dem unentdeckten Higgs-Boson beschrieben. Hier ein kleiner Auszug des elementaren Teilchenzoos.

---

20 vgl. Müller, Leitner, Mráz, Physik Leistungskurs 2. Semester, 2002, S.240
21 E=mc² http://www.drillingsraum.de/room-emc2/emc2.html, aufgerufen am 09.12.10
22 Einfachfokussierendes Sektorfeld-MS
   http://www.vias.org/tmanalytik_germ/hl_ms_singlefocus_sect.html, aufgerufen am 09.12.10
23 Spezielle Gebiete der Physik – Elementarteilchen, S.1

• *Teilchen*[24]:

Leptonen/Name	Generation	el. Ladung	Masse (MeV/c²)	Lebensdauer (s)
Elektron (e)	I.	-1	0,51	stabil
Elektron-Neutrino (v_e)	I.	0	$< 0,46 * 10^{-4}$	stabil
Tauon (τ)	III.	-1	1777	$3,4 * 10^{-13}$

Quarks/Name	Generation	el. Ladung	Masse (GeV/c²)	Spin
Down (d)	I.	- 1/3	0,01	-1/2
Up (u)	I.	+ 2/3	0,01	+1/2
Top (t)	III.	+ 2/3	178	+1/2

• *Kraft*[25] [26]:

Name	rel. Stärke	Austauschboson	Wirkung auf	Reichweite
Starke Wechselwirkung	1	8 Gluonen	Quark	10^{-15}
Elektromagnetismus	10^{-2}	Photon	Ladungen	∞
Schwache Wechselwirkung	10^{-13}	W⁺, W⁻, Z⁰	Quark, Lepton	10^{-18}
Gravitation	10^{-38}	Graviton?	Masse	∞

• *Masse*[27] [28]:

Name	el. Ladung	Masse (GeV/c²)	Spin
Higgs-Boson	0	114 - 600	0

Alle sichtbare Materie lässt sich mit diesen Eigenschaften beschreiben. Als Beispiel sei das Proton genannt, da es im Large Hadron Collider für Versuche verwendet wird. Die erste Unterteilung ist die in Fermionen (halbzahliger Spin[29]) und Bosonen (ganzzahliger Spin). Die Fermionen werden weiter in Leptonen (keine starke Wechselwirkung) und Quarks (starke Wechselwirkung) unterteilt. Das Zusammensetzen von Quarks bildet immer Hadronen. Diese Klasse wird in die Mesonen (Quark+Antiquark), die Baryonen (3 Quarks) und die Antibaryonen

---

24 Spezielle Gebiete der Physik – Elementarteilchen, S.2
25 Spezielle Gebiete der Physik – Elementarteilchen, S.3, S.4
26 Die 4 Grundkräfte der Physik
http://www.drillingsraum.de/4_grundkraefte_physik/4_grundkraefte_physik.html, aufgerufen am 10.12.10
27 Spezielle Gebiete der Physik – Elementarteilchen, S.5
28 Das Higgs-Boson http://www.solstice.de/grundl_d_tph/sm_et/sm_et_07.html, aufgerufen am 10.12.10
29 Basismodul Chemie, S.55

(3 Antiquarks) aufgeteilt[30]. Da das Proton aus zwei Up-Quarks und einem Down-Quark[31] (udu) besteht, ist sein Spin +1/2, seine Ladung +1 und es unterliegt allen Wechselwirkungen.

3. Aufbau des Beschleunigersystems

Nachdem nun erste Kenntnisse über die physikalischen Gegebenheiten erlangt wurden, widmen wir uns dem Aufbau des Beschleunigersystems.

3.1 Vorbeschleuniger

3.1.1 Teilchenquellen und Linearbeschleuniger

Bevor die Teilchen in den Large Hadron Collider injiziert werden, durchlaufen sie eine lange Kette von Vorbeschleunigern, die sie auf hohe Geschwindigkeiten bringen. Hierbei wird nun hauptsächlich der Weg der Protonen betrachtet, da die Blei-Ionen lediglich für das ALICE-Experiment gebraucht werden[32]. Ihr Weg wird lediglich erwähnt.

• Teilchenquellen:

Durch die Glühemission einer geheizten Kathode werden Elektronen frei. Diese werden von einer Anode elektrisch angezogen und kollidieren mit den in einer roten Flasche gelagerten Wasserstoffgasmolekülen (H_2). Dabei werden die Hüllenelektronen der Atome herausgeschleudert und der Wasserstoff somit ionisiert. Durch eine Extraktionskathode werden die entstandenen Protonen mit 90.000 Volt (0,014 c) beschleunigt[33]. Die Elektron-Zyklotron-Resonanz Ionenquelle (EZR) erzeugt die Blei-Ionen (Pb 208). Sie werden mit 20.000 Volt (=0,0005 c) extrahiert[34].

• Radio Frequency Quadrupole (RFQ):

Der RFQ ist ein 1,75 Meter langer Linearbeschleuniger, der im Wesentlichen drei Aufgaben hat. Aufgrund der gleichnamigen Ladung der Protonen muss der Teilchenstrahl fokussiert werden. Das geschieht durch Quadrupole. Sie bestehen

---

30 Die Teilchen des Standardmodells, http://www.solstice.de/grundl_d_tph/sm_et/sm_et_08.html, aufgerufen am 10.12.10
31 Alpha Centauri, S3 E153: „Was sind Quarks", 2004, 8min 36sek
32 LHC http://www.lhc-facts.ch/index.php?page=lhc, aufgerufen am 10.12.10
33 Protonenquelle http://www.lhc-facts.ch/index.php?page=protonen, aufgerufen am 10.12.10
34 Bleiionenquelle http://www.lhc-facts.ch/index.php?page=bleiionenquelle, aufgerufen am 10.12.10

aus vier Polen, wobei die gleichnamigen sich gegenüber liegen. Wenn solche Multipole wechselhaft hintereinander geschaltet sind, wird der Strahl zusammengehalten[35]. Die Beschleunigung der Protonen geschieht durch aufeinander folgende Driftröhren, die durch Wechselspannung umgepolt werden und damit die Protonen kontinuierlich kinetische Energie (bis zu 750 keV = 0,04 c) hinzubekommen[36]. Die dritte Aufgabe ist das Unterteilen des Strahls in einzelne Pakete (Bunches). Die Quadrupole sind dabei sinuswellenförmig gebaut. Das hat ein Wechsel der elektrischen Feldstärke zur Folge. Durch dieses ständige Beschleunigen und Abbremsen trennt sich der kontinuierliche Teilchenstrahl in 6 einzelne Teilchenpakete auf. Dies ist notwendig, da die Magnetstrukturen des LHC auf Teilchenzahl und zeitlichem Abstand der Pakete ausgelegt sind. Die Blei-Ionen werden auf eine Energie von 250 keV/u (0,002 c) gebracht[37]. (/u steht für die Energie pro Nukleon)

• Linear Accelerator (LINAC 2):

Nach demselben Prinzip wird beim LINAC 2 verfahren. Die 6 Protonenpakete aus dem RFQ werden auf eine Energie von 50 MeV (0,31 c) über eine Strecke von 30 Metern gebracht. Im LINAC 3 werden die 27-fach positiv geladenen Blei-Ionen auf eine Energie von 4,2 MeV/u (0,09 c) beschleunigt. Am Ende treffen sie auf eine Stripperfolie aus Kohlenstoff, was weitere 27 Elektronen herausschleudert[38].

3.1.2 Ringbeschleuniger

Neben den Linearbeschleunigern gibt es Ringbeschleuniger, die Teilchen auf höhere Energien bringen, ehe sie in den Large Hadron Collider geleitet werden.

• Proton Synchrotron Booster (PSB):

Das PSB ist ein Synchrotron und für Protonen der erste Ringbeschleuniger im System. Er hat einen Radius von 25 Metern und besteht aus vier übereinander angebrachten Strahlrohren zur Erhöhung der Teilchenkapazität. Um die Protonen auf einer Kreisbahn zu halten, werden Dipolmagnete verwendet. Zur

---

35 Quadrupolmagnet http://www.lhc-facts.ch/index.php?page=quadrupol, aufgerufen am 10.12.10
36 Linearbeschleuniger
   http://www.leifiphysik.de/web_ph12/umwelt_technik/02linearbesch/linearbeschl.htm,
   aufgerufen am 11.12.10
37 Radio Frequency Quadrupole http://www.lhc-facts.ch/index.php?page=rfq, aufgerufen am
   11.12.10
38 LINAC http://www.lhc-facts.ch/index.php?page=linac, aufgerufen am 11.12.10

Beschleunigung werden Hohlraumresonatoren[39] benutzt, die elektromagnetische Wellen in Resonanz bringen und damit eine beschleunigende Wirkung auf die Protonen haben[40]. Der PSB bringt die Protonen auf eine Energie von bereits 1,4 GeV (0,91 c). Die Blei-Ionen bringt er auf 94 MeV/u (0,41 c)[41].

• Proton Synchrotron (PS):

Auch das PS dient mit einem Radius von 100 Metern in erster Linie der Beschleunigung. Darüber hinaus unterteilt es die 6 Bunches in 72 bei einem zweigeteilten Prozess. Durch die Erhöhung der Frequenz der RF-Resonatoren um einen bestimmten Faktor, unterteilt es die Pakete um denselben. So entstehen bei einer Verdreifachung von 3,06 auf 9,18 MHz aus den 6 Paketen 18. Nach einer anschließenden Beschleunigung auf 25 GeV (0,999 c) folgt eine zweifache Verdopplung der Frequenz auf 40 MHz, was ein Aufsplitten in 72 Bunches mit sich bringt. Die Blei-Ionen werden in 52 Pakete aufgeteilt und auf eine Energie von 5,9 GeV (0,991 c) gebracht. Durch Kollision mit Stripperfolien aus Kupfer und Nickel verlieren sie weitere 28 Elektronen, sodass sie nur noch aus ihrem Kern bestehen[42].

• Super Proton Synchrotron (SPS):

Als letztes Glied in der Kette der Vorbeschleuniger und als zweitgrößter Ringbeschleuniger im gesamten System gilt das SPS mit einem Radius von 1,1 km. Seine einzige Funktion ist die Erhöhung der Energie auf 450 GeV (0,999998 c). Es kann 3 PS-Füllungen von je 72 Paketen aufnehmen. Die Blei-Ionen werden im SPS auf 177 GeV/u (0,999986 c) beschleunigt. Über die Verbindungslinien Tl (Transferlinie) 2 und Tl 8 werden die Teilchen in den Large Hadron Collider injiziert[43].

3.2 Large Hadron Collider

3.2.1 Parameter des LHC

Zur Berechnung der physikalischen Gegebenheiten am LHC ist es wichtig einige Parameter zu kennen. Hier ein Auszug der wichtigsten Kenngrößen.

---

39 PSB http://www.lhc-facts.ch/index.php?page=psb, aufgerufen am 11.12.10
40 Hohlraumresonatoren http://www.lhc-facts.ch/index.php?page=kavitaet, aufgerufen am 11.12.10
41 PSB http://www.lhc-facts.ch/index.php?page=psb, aufgerufen am 11.12.10
42 PS http://www.lhc-facts.ch/index.php?page=ps; aufgerufen am 11.12.10
43 SPS http://www.lhc-facts.ch/index.php?page=sps, aufgerufen am 11.12.10

Parameter[44]:

Größe	Wert
Umfang	26.659 Meter
Betriebstemperatur	1,9 K
Anzahl der Magneten	9593
Anzahl der Dipole	1232
Teilchenenergie der Protonen	7 TeV
Teilchenenergie der Bleiionen	2,76 TeV/u
Maximale magnetische Flussdichte	8,33 T
Luminosität *	10^{34} cm^{-2} s^{-1}
Anzahl der Bunches pro Strahl	2808
Anzahl der Umdrehungen in der Sekunde	11245

* Luminosität: Anzahl der Teilchen die pro Sekunde 1 cm² Strahlrohrquerschnitt durchlaufen.

3.2.2 Das Kühlungssystem

Der Zweck eines Kühlungssystems besteht darin, ein Material supraleitfähig zu machen. Das bedeutet, Strom kann widerstandslos fließen[45], was eine höhere Leistung der Magnete ermöglicht. Um das zu erreichen, werden sie einen Monat lang erst mit 6000 Tonnen flüssigem Stickstoff auf 80 K und danach mit 140 Tonnen flüssigem Helium auf 1,9 K abgekühlt[46].

Bei der ersten Erzeugung von flüssigem Helium 1908 konnte ein Punkt festgestellt werden, bei dem der Flüssigkeitszustand in einen suprafluiden wechselt. Unterhalb dieses Lambdapunkts (bei Helium II: 2,177 K; 5 kPa) geht die Wärmeleitfähigkeit des Elements gegen unendlich, da die Wärmeenergie nicht über Diffusion, sondern über Temperatur-Pulse mit einem Wellencharakter übertragen wird. Bei 1,8 K läuft diese Welle mit etwa 20 m/s durch das Material[47]. Des Weiteren lässt der Zustand der Suprafluidität den Stoff reibungslos werden. Das birgt aufgrund der Tunnelneigung von 1,4°[48] ein Problem mit sich, dass das Helium teilweise mit bzw. gegen die Gravitation gepumpt werden muss. Das bringt Druckänderungen und damit auch Temperaturänderungen des Heliums mit sich[49].

---

44 Communication Group, CERN faq - LHC the guide, 02.2009, S. 30
45 Evans, L. The Large Hadron Collider – a marvel of technology, Boca Raton, 2009, S.5
46 Kühlsystem http://www.lhc-facts.ch/index.php?page=kuehlsystem, aufgerufen am 17.12.10
47 Zweiter Schall http://www.worldlingo.com/ma/dewiki/de/Zweiter_Schall, aufgerufen am 17.12.10
48 LHC-Tunnel http://www.lhc-facts.ch/index.php?page=tunnel, aufgerufen am 17.12.10
49 Kühlsystem http://www.lhc-facts.ch/index.php?page=kuehlsystem, aufgerufen am 17.12.10

3.2.3 Das Ultrahochvakuum

Ein Vakuum bietet aufgrund seiner Eigenschaft, dass sich nahezu nichts in dem Vakuumraum befindet, zwei für den Betrieb am LHC elementare Vorteile. Zum einen kann Wärmeenergie nur auf Körper, wie Moleküle, übertragen werden. Andernfalls müsste das komplette Weltall auf die 1,9 K Betriebstemperatur gekühlt werden, damit kein Wärmeaustausch nach dem 2. Hauptsatz der Thermodynamik stattfindet. Zum anderen wären Luftmoleküle im Strahlrohr potenzielle Stoßpartner für die Hadronen. Sie würden die Beschleunigung der Hadronen unmöglich machen.

Die drei Vakuumsysteme des LHC bedienen sich dieser Eigenschaften. Das Isolationsvakuum für die Cryogenic Distribution Line (QRL[50]) und für das Kühlsystem der supraleitenden Magnete verhindern einen Energieaustausch mit dem LHC-Tunnel auf Zimmertemperatur und den kalten Strahlrohren. Damit sind die einzigen unvermeidbaren Hitzequellen die Magnetstützen und die Synchrotronstrahlung, die bei beschleunigten Ladungen auftritt[51] (44 eV[52]). Im Strahlrohr sorgen 168 Turbomolekularpumpen und 780 Ionengetterpumpen für einen Druck von 10^{-13} bar. Turbomolekularpumpen bestehen aus mehreren Schaufelräder, die sich mit 40.000 Umdrehungen/Minute bewegen und durch Auswerfen der Moleküle ein Vakuum von maximal 10^{-9} bar erzielen können. Bei Ionengetterpumpen werden Elektronen durch eine hohe Spannung von 7 kV aus hochreinem Titan ausgelöst, die Moleküle ionisieren. Durch ein elektrisches Feld werden die Ionen zum Titanblech beschleunigt, wobei sie beim Auftreffen Titan freisetzen. Dieses verbindet sich chemisch mit den Ionen und setzt sich wieder auf dem Blech ab. Hiermit ist eine maximale Vakuumserzeugung von 10^{-14} bar möglich[53].

3.2.4 Injektion und Extraktion

Über die Verbindungslinien Tl 2 und Tl 8 werden die Hadronen vom SPS in den LHC injiziert. Dabei werden Kickermagnete zur Fixierung und Septummagnete zur Führung der Teilchen ins Strahlrohr verwendet. Umgekehrt werden die Teilchen bei der Extraktion in den Beam Dump über diese Magnete extrahiert.

50 Dienstleistungen in der Energieerzeugung http://www.energie-und-kraftanlagen.de/index.php?id=313&param1=144, aufgerufen am 17.12.10
51 Evans, L. The Large Hadron Collider – a marvel of technology, a.a.O, i.a.J, S.87
52 Evans, L. The Large Hadron Collider – a marvel of technology, a.a.O, i.a.J, S.90
53 Vakuumtechnik http://www.lhc-facts.ch/index.php?page=vakuum, aufgerufen am 17.12.10

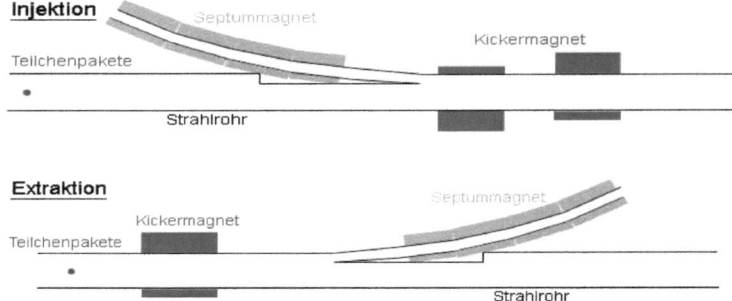

• Septummagnet:

Ein Septummagnet ist einfach in seiner Bauart. Ein Eisenjoch und eine einzelne Wicklung zur Erhöhung der Induktivität auf 1,5 T erzeugen ein Magnetfeld, das in der Lage ist, die geladenen Teilchen abzulenken[54]. Mehrere hintereinander geschaltet, können wie oben dargestellt die Teilchenbahn führen.

• Kickermagnete:

Die Kickermagnete sind intensive Dipolmagnete, die binnen einer Zeit von 10^{-7} s ein- und ausgeschaltet werden, damit sie nur ein Teilchenpaket mit 25ns Abstand zum nächsten[55] ablenken. Daher werden Ferritkerne, statt Eisenkernen verwendet, da sie beim Magnetisieren keine Wirbelströme erzeugen. Eine ähnliche Verzögerung würde eine Vielzahl von Windungen bedeuten. Deshalb ist bei Kickermagneten auch nur eine Windung vorhanden. Um dieselbe Leistung zu erhalten, wird die Stromstärke entsprechend angepasst[56]. Hierfür wird ein geladener Kondensator entladen[57].

---

54 Teilcheninjektion und Extraktion http://www.lhc-facts.ch/index.php?page=injektion, aufgerufen am 17.12.10
55 Resag J.: Die Entdeckung des Unteilbaren http://www.joergresag.privat.t-online.de/mybkhtml/chap92.htm, aufgerufen am 18.12.10
56 Ablenkungs- und Fokussierungsmagneten http://www.solstice.de/grundl_d_tph/exp_besch/exp_besch_11.html, aufgerufen am 17.12.10
57 Teilcheninjektion und Extraktion http://www.lhc-facts.ch/index.php?page=injektion, aufgerufen am 17.12.10

4. Experimente am Large Hadron Collider

Abschließend steht die Frage nach dem Nutzen dieser riesigen Apparaturen im Vordergrund. In erster Linie beschäftigen sich die Forscher am CERN mit Grundlagenforschung, also der Erweiterung des wissenschaftlichen Horizonts. Speziell in der Elementarteilchenphysik wird versucht, den Lösungen der eingangs erwähnten Fragen näher zu kommen. Nutzen für den Alltag entstehen nebenbei. So wurde beispielsweise das World Wide Web von Tim Berners-Lee 1990 zum Datenaustausch zwischen Forschungsinstituten gegründet[58]. Heute bedienen sich unzählbare Haushalte dieses Mediums.

Mindestens genauso interessant wie die bisherigen Errungenschaften der Forschungen am CERN sind die, der Zukunft. In den großen Detektoren ATLAS (A Toroidal LHC Apparatus) und CMS (Compact Muon Solenid) wird das im Standardmodell theoretisch erklärte und notwendige, experimentell aber noch nicht nachgewiesene Higgs-Boson gesucht[59]. Die Überlegung ist, dass es Materie durch den sogenannten Higgs-Mechanismus eine Masse zuordnet. Nach dieser Theorie durchfließt den ganzen Kosmos das Brout-Englert-Higgs-Feld (BEH). Ein Teilchen, welches sich in diesem Feld bewegt, interagiert damit und wird bildlich gesprochen von den Austauschteilchen, eben den Higgs-Bosonen, gebremst. Der Mechanismus erklärt allerdings nicht, weshalb einige Teilchen mehr Masse als andere haben. Das Top-Quark ist beispielsweise etwa 190 mal schwerer[60], als ein Proton[61]. Andere Experimente werden durchgeführt, um unter anderem das Quark-Gluon-Plasmas am ALICE (A Large Ion Collider Experiment) zu erzeugen, am LHCb (Large Hadron Collider beauty) die CP-Verletzung zu Beginn des Universums zu erklären und weitere Hinweise zur Vereinheitlichung der Grundkräfte[62]. Welchen Nutzen diese Experimente haben werden, ist noch nicht abzusehen, doch gewinnt die Menschheit mindestens etwas mehr Einblick in die Tiefen seiner Existenz.

---

58 Geschichte und Entstehung des Internets
   http://www.primeiro.de/kurs/internet/geschichte.shtml, aufgerufen am 18.12.10
59 LHC-Experiment ATLAS http://www.focus.de/wissen/wissenschaft/technik/tid-17750/lhc-experiment-atlas-irgendetwas-muss-elementarteilchen-masse-verleihen_aid_494264.html, aufgerufen am 18.12.10
60 Physikalische Konstanten http://www.szallies.de/Konstanten.htm, aufgerufen am 18.12.10
61 Das Higgs-Teilchen http://www2.uni-wuppertal.de/FB8/groups/Teilchenphysik/oeffentlichkeit/Higgsboson.html, aufgerufen am 18.12.10
62 LHC – Ziele http://www.lhc-facts.ch/index.php?page=ziele, aufgerufen am 18.12.10

5. Literaturverzeichnis

Bücher:

• Evans, Lyndon ¬The¬ Large Hadron Collider – a marvel of technology, Boca Raton, CRC Press, 2009[1]

• Müller, A., Leitner, E., Mráz, F., Physik Leistungskurs 1. Semester; Elektrische und magnetische Felder, München, Oldenbourg, 2002[9]

• Müller, A., Leitner, E., Mráz, F., Physik Leistungskurs 2. Semester; Elektromagnetische Schwingungen und Wellen, Wellenoptik, Relativitätstheorie, München, Oldenbourg, 2002[8]

• Müller, A., Leitner, E., Mráz, F., Physik Leistungskurs 3. Semester; Theorie der Wärme, Atomphysik, München, Oldenbourg, 2002[7]

• Löwe, B., Riedl A., Schallies M., Grundlagen der Organischen Chemie 2, Bamberg, C.C. Buchners Verlag, 1988[3]

Zeitschriften:

• Communication Group, CERN faq - LHC the guide, CERN-Brochure.2009-003-Eng, Feb.2009

• Communication Group, CERN faq - LHC the guide, CERN-Brochure.2007-004-Eng, Mar.2007

Weblinks:

• Hacker G.: Grundlagen der Teilchenphysik – Frühzeit bis 1550
http://www.solstice.de/grundl_d_tph/sm_gesch/sm_gesch_hist1.html (28.03.08)
• Hacker G.: Grundlagen der Teilchenphysik – Von 1550 bis 1900
http://www.solstice.de/grundl_d_tph/sm_gesch/sm_gesch_hist2.html (28.03.08)
• Hacker G.: Grundlagen der Teilchenphysik – Von 1900 bis 1964
http://www.solstice.de/grundl_d_tph/sm_gesch/sm_gesch_hist3.html (28.03.08)
• Hacker G.: Grundlagen der Teilchenphysik – Von 1964 bis heute
http://www.solstice.de/grundl_d_tph/sm_gesch/sm_gesch_hist4.html (28.03.08)
• LHC - Geschichte des CERN: http://www.lhc-facts.ch/index.php?page=geschichtecern
• Alte Elementarteilchen neu entdeckt: http://www.zeit.de/wissen/2010-07/lhc-cern-ergebnisse vom 27.07.10
• Der Herr der Teilchen: http://www.3sat.de/page/?source=/nano/natwiss/149233/index.html

- CERN – Resources Planning and Control: http://dg-rpc.web.cern.ch/dg-rpc/Scale/Scale.html
- CERN's structure: http://public.web.cern.ch/public/en/About/Structure-en.html
- Geschichte – Coulomb: http://www.leifiphysik.de/web_ph12/geschichte/01coulomb/coulomb.htm
- Lorentz: http://www.leifiphysik.de/web_ph10/geschichte/10lorentz/lorentz.htm
- Thermodynamik, http://www.physik.uni-wuerzburg.de/video/thermodynamik/thermodynamik.html
- E=mc² http://www.drillingsraum.de/room-emc2/emc2.html
- Einfachfokussierendes Sektorfeld-MS http://www.vias.org/tmanalytik_germ/hl_ms_singlefocus_sect.html
- Die 4 Grundkräfte der Physik http://www.drillingsraum.de/4_grundkraefte_physik/4_grundkraefte_physik.html
- Das Higgs-Boson http://www.solstice.de/grundl_d_tph/sm_et/sm_et_07.html
- Die Teilchen des Standardmodells, http://www.solstice.de/grundl_d_tph/sm_et/sm_et_08.html
- LHC http://www.lhc-facts.ch/index.php?page=lhc
- Protonenquelle http://www.lhc-facts.ch/index.php?page=protonen
- Bleiionenquelle http://www.lhc-facts.ch/index.php?page=bleiionenquelle
- Quadrupolmagnet http://www.lhc-facts.ch/index.php?page=quadrupol
- Linearbeschleuniger http://www.leifiphysik.de/web_ph12/umwelt_technik/02linearbesch/linearbeschl.htm
- Radio Frequency Quadrupole http://www.lhc-facts.ch/index.php?page=rfq
- LINAC http://www.lhc-facts.ch/index.php?page=linac
- PSB http://www.lhc-facts.ch/index.php?page=psb
- Hohlraumresonatoren http://www.lhc-facts.ch/index.php?page=kavitaet
- PS http://www.lhc-facts.ch/index.php?page=ps
- SPS http://www.lhc-facts.ch/index.php?page=sps
- Kühlsystem http://www.lhc-facts.ch/index.php?page=kuehlsystem
- Zweiter Schall http://www.worldlingo.com/ma/dewiki/de/Zweiter_Schall
- LHC-Tunnel http://www.lhc-facts.ch/index.php?page=tunnel
- Dienstleistungen in der Energieerzeugung http://www.energie-und-kraftanlagen.de/index.php?id=313&param1=144
- Vakuumtechnik http://www.lhc-facts.ch/index.php?page=vakuum

- Teilcheninjektion und Extraktion http://www.lhc-facts.ch/index.php?page=injektion
- Resag J.: Die Entdeckung des Unteilbaren http://www.joergresag.privat.t-online.de/mybkhtml/chap92.htm
- Ablenkungs- und Fokussierungsmagneten http://www.solstice.de/grundl_d_tph/exp_besch/exp_besch_11.html
- Geschichte und Entstehung des Internets http://www.primeiro.de/kurs/internet/geschichte.shtml
- LHC-Experiment ATLAS http://www.focus.de/wissen/wissenschaft/technik/tid-17750/lhc-experiment-atlas-irgendetwas-muss-elementarteilchen-masse-verleihen_aid_494264.html
- Physikalische Konstanten http://www.szallies.de/Konstanten.htm
- Das Higgs-Teilchen http://www2.uni-wuppertal.de/FB8/groups/Teilchenphysik/oeffentlichkeit/Higgsboson.html
- LHC – Ziele http://www.lhc-facts.ch/index.php?page=ziele

PDF-Dateien:
- Landua R., CERN und LHC Daten und Fakten
- Spezielle Gebiete der Physik – Elementarteilchen
- Basismodul Chemie

Audioaufnahmen:
- Alpha Centauri, Staffel 3 – Episode 153: „Was sind Quarks", 2004

Abbildungen:
- 1. Abb. (S.4): http://upload.wikimedia.org/wikipedia/de/thumb/8/8e/Cern_Logo_black.svg/400px-Cern_Logo_black.svg.png (03.11.10)
- 2.+3. Abb. (S.15): http://www.lhc-facts.ch/index.php?page=injektion (17.12.10)